RAPPORT

SUR

LE CONGRÈS POMOLOGIQUE DE NANTES

EN 1864

PAR **M.** ROUILLÉ-COURBE

Président de la section d'Agriculture de la Société d'Agriculture,
Sciences, Arts et Belles-Lettres d'Indre-et-Loire
Membre de la Société impériale et centrale d'horticulture de Paris
et de la Société d'acclimatation.

TOURS

IMPRIMERIE LADEVÈZE

1866

RAPPORT

SUR

LE CONGRÈS POMOLOGIQUE DE NANTES.

EN 1864.

RAPPORT

SUR

LE CONGRÈS POMOLOGIQUE DE NANTES

EN 1864.

Sur la demande de la Société d'horticulture de Nantes, j'ai accepté la délégation que vous avez bien voulu me confier pour vous représenter au Congrès pomologique de Nantes et à l'exposition des fruits qui devait avoir lieu le 25 septembre 1864. Cette exposition, exclusivement pomologique et maraîchère, a présenté une collection considérable de fruits de la plus grande beauté, et le choix du local, sur une pelouse du magnifique jardin que son directeur M. Ecorchard a su rendre un des plus beaux et des plus agréables de France, n'a pas peu contribué à l'éclat de l'exposition.

Une tente vaste et élégante, sous laquelle étaient abrités les nombreux produits de la pomologie, offrait à l'œil un spectacle ravissant, car les regards saisissaient l'ensemble d'une belle perspective et se perdaient dans des échappées heureusement ménagées.

Le jury, choisi parmi tous les membres du Congrès pomologique, a été pleinement satisfait des dispositions prises par MM. les commissaires chargés de l'organisation de cette belle solennité ; l'exposition était digne de la société Nantaise, elle était digne aussi du Congrès pomologique en vue duquel elle a été faite.

Deux grands motifs m'avaient engagé, Messieurs, à accepter cette mission difficile. A Lyon, en 1861, la collection des fruits de Touraine, présentée au nom de la Société d'agriculture, avait obtenu le premier prix, une médaille d'or, sur de nombreux concurrents. A Orléans, ma collection classée dans la catégorie des amateurs, avait obtenu le même succès, le premier prix. Sur les instances du président de la Société d'horticulture de Nantes, en présence du refus de notre Société, j'ai pensé, Messieurs, que noblesse obligeait et que je devais présenter une collection sur un théâtre plus grand et au milieu de concurrents dignes sous tous les points de vue de la réputation du Jardin de la France; en effet, Messieurs, les fruits de Touraine ont eu à lutter contre les trois départements de l'ouest et du centre, la Loire-Inférieure, Maine-et-Loire et le Loiret, qui peuvent présenter les établissements horticoles les plus considérables en arbres fruitiers qui existent en France; réputation justement acquise par la qualité, l'ampleur des fruits, qui entrent pour une grande part dans l'alimentation publique. Malgré la grandeur de cette tâche difficile, dans mon désir de représenter dignement la Touraine et de répondre à l'appel qui m'avait été fait par la Société d'horticulture Nantaise, je me préparai six mois d'avance et je pus présenter une collection composée de *dix-huit cents fruits de différentes espèces* de la saison. Je ne puis, Messieurs, mieux faire que de vous donner l'appréciation générale du jury, qui a cru devoir décerner les récompenses de la manière suivante.

Premier concours, pour la plus belle et la plus complète collection de fruits variés, 1re catégorie des horticulteurs amateurs: 1er Prix, médaille d'honneur en or, donnée par Sa Majesté l'Empereur, décernée, « à M. Rouillé-Courbe, de Tours, pour « un lot remarquable par la beauté et le nombre des produits; « ce lot a attiré, d'une manière toute spéciale, l'attention du « jury; il ne présente pas moins *de 180 variétés de poires*, plus

« *de* 100 *variétés de pommes,* quelques pêches et autres fruits.
« Les erreurs d'étiquetage y sont peu nombreuses. Les spé-
« cimens sont en général très-beaux. On y trouve plusieurs
« espèces nouvelles ou très-peu répandues. Ce lot a paru au
« jury dépasser de beaucoup par son importance tous les
« autres de sa catégorie, aussi n'a-t-il pas hésité à lui accorder
« la plus haute récompense qui ait été mise à sa disposition. »

L'exposition Nantaise présentait cinquante collections remar-
quables pour la quantité et la beauté des fruits. Le chiffre
dépassait quatorze mille fruits réunis sous une vaste tente,
dont cinq collections de sociétés, huit d'amateurs, seize de
praticiens ont reçu des récompenses. Les lots des maraîchers
étaient peu nombreux, cinq ont obtenu des prix.

Une collection d'ananas et une de melons ont reçu aussi des
médailles. La Société de Lyon, siége du Congrès, et la Société
de Nantes, qui le recevait, s'étaient, malgré leurs très-belles collections, mises hors de concours.

Le jury a terminé son rapport en disant qu'il était heureux
de mentionner d'une manière toute spéciale le magnifique lot
de fruits variés exposé par la *Société Nantaise d'horticulture*
qui s'est mise hors de concours. L'étiquetage des raisins surtout
ne laissait rien à désirer.

Le jury a adressé aussi une mention très-honorable à la *Société
d'horticulture du Rhône,* qui a exposé, sans concours, un beau
lot, dont l'étiquetage, parfaitement exact, était très-soigné sous
tous les rapports.

« Tel a été le résultat de l'examen scrupuleux du jury, qui
« termine son rapport en disant qu'il a cru apporter dans son
« travail la plus complète et la plus consciencieuse impartia-
« lité. S'il s'est montré quelquefois un peu exigeant, c'est que
« la diffusion de plus en plus grande de la science pomologique
« ne permet plus de conserver les erreurs, les fausses déno-
« minations, qui ont trop longtemps porté le chaos dans l'étude
« des fruits.

« Le jury fait particulièrement un appel au zèle et au bon

« vouloir de MM. les horticulteurs : c'est chez eux qu'il im-
« porte surtout de voir établir les nomenclatures exactes, les
« noms vrais, car c'est dans leur collection principalement que
« les amateurs vont puiser les élements de leurs plantations.
« Il est donc nécessaire qu'ils puissent donner les espèces et les
« variétés bien dénommées, chose qui leur est rendue facile au
« moins pour un grand nombre, grâce aux travaux déjà publiés
« par le Congrès pomologique.

« *Signé par les Membres du jury* ,

« M. DUPONT père, président.

« J. GÉRAND, secrétaire. »

Comme les années précédentes, j'ai dû diviser ce rapport en deux parties : l'Exposition des fruits et le Congrès
pomologique de France. Aujourd'hui, Messieurs, que vous
avez décidé qu'une section d'horticulture et de pomologie
serait créée pour l'exposition générale de 1867, qui doit avoir
lieu à Paris, le moment est arrivé de bien vous faire connaître
en quelques mots l'organisation, le but du Congrès, la position
qu'il occupe dans le grand mouvement des fruits et dans les
succès de notre horticulture en France et à l'étranger.

Notre honorable président, M. Reveil, sénateur, a signalé à
Bordeaux, et notre secrétaire-général, M. Willermoz, a insisté
souvent dans toutes nos réunions et devant un grand nombre
d'horticulteurs, sur les inconvénients de la nomenclature d'un
grand nombre de poires, qui ayant la même forme et le même
goût, portent des noms différents ; anomalie fâcheuse pour des
propriétaires qui croient avoir *cent poires différentes avec cent
noms différents*, et qui réellement se trouvent avoir beaucoup
de synonymies, réduisant leur collection à 50 *ou* 60 *espèces* et
quelquefois moins.

C'est, Messieurs, pour empêcher ces divers abus, qui constituent souvent la fraude de la marchandise vendue et livrée sous
des noms différents, que le Congrès pomologique appelle votre

concours et désire poursuivre cet immense travail, en désignant par leur nom véritable les synonymies nombreuses qui existent dans les départements.

En 1866, la onzième session du Congrès se tiendra dans la ville de Melun, le 14 septembre. La première ouvrit le Congrès à Lyon en 1856 ; la deuxième à Lyon, 1857 ; la troisième à Paris, 1858 ; la quatrième à Bordeaux, 1859 ; la cinquième à Lyon, 1860 ; la sixième à Orléans, 1861 ; la septième à Montpellier, 1862 ; la huitième à Rouen, 1863 ; la neuvième à Nantes, 1864 ; la dixième à Dijon, 1865, dans ces diverses réunions j'ai représenté la Société d'Agriculture d'Indre-et-Loire. Les travaux imprimés embrassent 151 *poires et 7 pommes* formant trois volumes ; chaque volume renferme 50 *fruits tirés en noir* avec texte, au prix de 10 fr., *le volume* avec le compte-rendu des discussions de chaque année ; les volumes en gravures coloriées, avec le même texte, sont livrés au prix *de 25 francs les 50 fruits.*

La collection des poires est terminée pour le moment et le secrétaire-général va compléter les pommes dans le quatrième volume et s'occuper des fruits à noyau ; car, il y a en portefeuille une quantité de fruits de chaque espèce qui n'attendent que la gravure et les derniers renseignements pour être publiés.

La neuvième session du Congrès pomologique s'est ouverte à Nantes le 24 septembre 1864. L'élection a désigné ainsi les membres du bureau :

Président.

M. Couprie, avocat, président de la société Nantaise d'horticulture, à Nantes (Loire-Inférieure).

Vice-présidents.

MM. Porcher, président de la Cour Impériale d'Orléans (Loiret) ; comte d'Estaintot, président de la Société centrale d'horticulture de Rouen (Seine-Inférieure) ; Dupont père, horticulteur à Alençon (Orne) ; Rouillé-Courbe, horticulteur à St-Avertin, près Tours (Indre-et-Loire).

Secrétaire - général.

M. Willermoz, directeur de l'école d'horticulture du Rhône, à Ecuilly, près Lyon (Rhône).

Secrétaires.

MM. Dufour, licencié-ès-sciences, secrétaire-général de la société Nantaise d'horticulture, à Nantes (Loire-Inférieure); Gérand, Jules, secrétaire-adjoint de la Société d'horticulture de Bordeaux (Gironde); Thouvenel, conservateur du Jardin des plantes d'Orléans (Loiret); Rouillard, horticulteur à Chaillot - Paris (Seine).

Tresorier.

¨ M. Reverchon , délégué de la Société d'horticulture de Lyon (Rhône).

Adjoint au secrétaire-général.

M. de Courmaceul, ancien magistrat, membre de la Société d'agriculture, sciences et arts de Valenciennes et de la société Nantaise d'horticulture, publiciste, à Nantes (Loire-Inférieure).

Ne voulant pas abuser de vos instants, je vais, Messieurs, vous présenter rapidement le résultat de la *classification des pêches*, question de la plus haute importance par les phases diverses dans lesquelles elle est entrée, et qui a été discutée dans la séance du 27 septembre; abordée dans les sessions de Lyon, 1860, de 1861 à Orléans, discutée en 1862 à Montpellier, et à Rouen en 1863, elle s'est enfin terminée, après de longues discussions en 1864 dans la ville de Nantes. Deux méthodes étaient en présence : la première défendue avec talent dans les diverses réunions citées plus haut par M. Luiset père, horticulteur à Lyon, et M. Willermoz, secrétaire du Congrès, qui, soutenus par la Société de Lyon, présentaient avec une grande force des objections sérieuses puisées dans les anciens ouvrages pour ne faire reconnaître que deux fleurs différentes : des grandes, des moyennes et petites.

La méthode de M. Buisson, horticulteur à Grenoble, appuyé par M. de Mortillet, représentant de la Société d'horticulture de Grenoble à Montpellier, d'accord sur ce point avec la commission du département d'Indre-et-Loire que vous aviez nommée pour étudier sérieusement cette question, reconnaît avec raison *trois fleurs bien distinctes:* des grandes, des moyennes, des petites ; mais laissons l'auteur de cette proposition développer sa méthode.

. Dans nos réunions, M. Buisson a soutenu, avec beaucoup de talent et une grande conviction, devant les diverses commissions et les assemblées du Congrès, que le *genre pêcher* est le point de départ du classement et que ce genre se compose *de deux espèces* : La première comprend les pêches à peau duveteuse ; la deuxième les pêches à peau lisse ; ces deux espèces forment chacune *deux races*, suivant l'adhérence ou la non-adhérence du noyau à la chair.

Ces *quatre races* sont divisées chacune en *trois sections* suivant les dimensions des fleurs, qui sont : grandes, moyennes et petites.

Enfin, chacune des sections est subdivisée en *trois sous-sections ou groupes*, suivant la forme ou l'absence des glandes sur les feuilles.

C'est donc en tout 36 *groupes* où toutes les variétés de pêches peuvent se classer ; non-seulement toutes les variétés connues jusqu'à ce jour, mais encore toutes celles qui pourront être obtenues par la suite, quel qu'en soit le nombre.

En résumé d'après cette méthode, chaque race comprend 9 *parentés*, qui portent dans chaque race les noms suivants :

1re parenté Mignonnes.
2e   —   Pourprées.
3e   —   Grandes Madeleines.
4e   —   Admirables.
5e   —   Chevreuses.
6e   —   Moyennes Madeleines.
7e   —   Galandes.
8e   —   Chartreuses.
9e   —   Petites Madeleines.

Il est très-important de faire connaître les motifs de cette même dénomination des parentés dans chaque race, elle a été adoptée pour l'intelligence de la méthode et pour faciliter l'application de la classification à chaque variété, quelle que soit la race à laquelle cette variété appartienne.

L'attribution de la parenté peut avoir lieu, aussitôt après l'apparition de la fleur et de la feuille, par conséquent avant la connaissance des caractères du fruit qui déterminent la race.

Les caractères attributifs de la race seulement, ne peuvent influer sur la détermination et l'attribution de la parenté qui n'aurait pu avoir lieu avant la vérification du fruit, si les noms des parentés n'étaient pas les mêmes dans chaque race.

La parenté peut être par conséquent déterminée, indépendamment de la race, à la seule inspection de la fleur et de la feuille.

Les caractères botaniques, qui servent de base à la classification, sont les mêmes et se retrouvent tous dans toutes les races, d'où la conséquence et la nécessité de donner les mêmes noms aux parentés des quatre races.

Le nom de parenté sera invariablement attribué à une variété, sans égard aux caractères du fruit.

Il peut être intéressant, sous plus d'un rapport, de fixer la parenté, pour préjuger la reproduction d'un fruit ou l'identité d'une variété avant de connaître son fruit.

Comme vous le voyez, Messieurs, la méthode développée par M. Buisson, car je dois l'appeler ainsi, malgré la modestie de son auteur, a fait faire un pas immense à la question des pêches et peut-être aux fruits à noyau, pour la classification de tous les fruits de cette catégorie.

C'est dans la séance du 27 septembre 1864 que, pour la cinquième fois, la discussion a été ouverte au Congrès de Nantes sous la présidence de M. Couprie, président de la Société Nantaise d'horticulture. L'assistance était nombreuse, M. Gérand, de Bordeaux, secrétaire de la commission, donne lecture de la suite de son rapport sur les fruits à noyau ; il entre dans

de longs détails sur la discussion qui a eu lieu au sein de la commission à l'occasion de la classification du genre pêcher, proposée par M. Buisson. M. le rapporteur déclare en finissant que la commission, à une immense majorité, a décidé de proposer l'adoption de cette méthode, qui pourra subir par la suite des perfectionnements que l'expérience indiquera.

Après la lecture de ce rapport intéressant, qui n'a cessé un seul instant de captiver l'attention du Congrès, M. Buisson est invité à donner les explications qu'il jugera convenable à l'appui de sa méthode.

Mais dans cette grave question, laissons parler, en y ajoutant quelques observations, M. de Courmaceul, adjoint au secrétaire général du Congrès, et rédacteur du *Courrier de Nantes*.

« L'honorable M. Buisson, s'appuyant sur Duhamel, fait remarquer que les bases de son système ne sont pas de lui, mais qu'il en a coordonné les éléments, en les puisant dans plusieurs auteurs recommandables, anciens et modernes. Il n'a d'autre mérite (mais du moins celui-là on voudra bien le lui accorder) que d'avoir déterminé cette méthode d'une manière claire et rationnelle. Et d'abord quelle est cette méthode ? Rien de plus simple. Tout s'appuie sur l'observation de la nature et sur les différentes parties de la plante : *l'aspect extérieur du fruit, la fleur, la feuille, la chair et le noyau.*

« Il divise le genre pêcher en deux espèces principales déterminées par l'aspect extérieur du fruit : *la pêche duveteuse et la pêche à peau lisse.* Chacune des deux espèces donne naissance à deux races distinguées par *l'adhérence ou la non-adhérence de la chair au noyau.* Puis il s'est attaché à la distinction des fleurs qu'il divise en trois sortes; *les grandes, les moyennes et les petites.* Enfin, il a subdivisé chacune de ces classes en trois catégories dont le caractère distinctif est basé sur l'observation des glandes qui sont : *globuleuses, réniformes ou nulles.*

« Voilà le système tout entier, au moyen duquel, il est possible au premier praticien venu de classer tout fruit qu'il a sous les yeux et même tout arbre dépourvu de fruit ; c'est par la réunion, la combinaison, la comparaison de ces trois éléments connus, qu'il prétend parvenir infailliblement à ce résultat.

« La contradiction de sa méthode et l'objection principale qu'on lui fait sont tirées des trois espèces de fleurs qu'il admet. On conteste l'existence des fleurs moyennes. Il est vrai qu'on n'avait guère insisté avant lui sur ce caractère distinctif. Mais ses observations, corroborées par l'expérience d'un grand nombre de praticiens, lui permettent d'affirmer ces caractères, qui, du reste, sont conformes aux indications de la science ; ces caractères sont invariables.

« Il les a trouvés botaniquement dans la grandeur des fleurs, la forme des pétales et leur couleur; mais il n'y a rien d'absolu, même dans la science la mieux fixée; aussi se garde-t-il bien d'attribuer des dimensions exactes et rigoureusement mathématiques *aux différentes grandeurs de fleurs* et il a bien soin de faire observer que, tout en fixant des limites pour chaque catégorie de fleurs, il entend laisser une tolérance très-grande en plus ou en moins (et je puis ajouter que ces trois fleurs existent réellement par la forme et par la couleur). M. Buisson explique ensuite les motifs qui l'ont amené à donner un nom à chacun des neuf groupes de sa méthode. Il n'a rien trouvé de plus simple que de les désigner par des noms déjà bien connus et tirés des groupes eux-mêmes de la principale variété qui les compose. Ainsi, par exemple, le premier groupe (1) s'appelle *parenté des Mignonnes*, parce que c'est là qu'on trouve toutes les pêches Mignonnes, et ainsi des autres.

Il est vrai que comme fruit, par la grosseur, la forme, le goût, ou la couleur, quelques variétés de pêches ont une ressemblance qui présente des difficultés pour les reconnaître ; mais les fleurs et les glandes fixent les différences et facilitent

---

(1) Voir le 3ᵐᵉ tableau dressé au Congrés de Nantes, séance tenante, et qui a été reproduit dans un ouvrage publié à Grenoble par M. de Mortillet.

leur reconnaissance ; ainsi les glandes des Mignonnes sont globuleuses, tandis que dans les Madeleines, elles sont nulles. Toutes les pêches, dont les glandes sont réniformes et les fleurs grandes, sont des pourprés, quelles que soient d'ailleurs la forme et la couleur intérieure ou extérieure du fruit. Il en est de même pour les autres parentés, les caractères de fleurs, des feuilles et du fruit constituent seuls les groupes et par conséquent les parentés.

« Au sein de la commission, M. Van Iseghem avait objecté qu'il ne croyait pas ces qualifications bien exactes ; aussi selon lui, le deuxième groupe des *Pourprées*, mot qui présente à l'imagination des fruits très-colorés, renferme cependant des pêches blanches ou un peu colorées. Suivant M. Buisson, cette objection n'a pas d'importance, et il l'explique ainsi :

« Toute pêche est classée par lui parmi les *pourprées, quelle que soit sa couleur*, du moment qu'elle offre tous les caractères des pêches qui ont donné le nom à son deuxième groupe. Toute pêche sera une mignonne ou une pourprée, quels que soient d'ailleurs sa forme et son coloris, pourvu qu'elle offre les caractères distinctifs *des mignonnes ou des pourprées*.

« Ce qui l'a amené à établir sa méthode, c'est la confusion déplorable qui existe dans la détermination des variétés de pêches. A l'aide d'un tableau qu'il trace devant l'assemblée et dont nous reproduisons le croquis, il fait ressortir l'importance et tout à la fois la simplicité de sa classification. Par elle, dès l'apparition d'une fleur ou d'une feuille de pêcher, chacun peut établir un classement provisoire. Une grande fleur appartiendra aux trois premiers groupes, une moyenne fleur devra entrer dans les trois suivants, une petite fleur dans les trois derniers ; de plus on trouve dans chaque fleur une couleur différente très-facile à apercevoir sur les obliques. Les grandes fleurs *ont de 35 à 45 millimètres avec une tolérance, en plus ou en moins, de 2 à 3 millimètres pour les trois grandeurs*. Les pétales sont d'une couleur *rose clair ou rose pâle*, le plus ordinairement le rose est plus foncé au centre.

Cinq pétales sont bien étalés, largement ovales, presque arrondis, imbriqués sur les bords, dans le bas. Les sépales sont complétement recouvertes par les pétales (1).

« Les moyennes fleurs ont de 23 à 32 millimètres. Les pétales sont d'une couleur *rose plus vif*, plus mat, plus ou moins foncé et d'une nuance presque égale sur toute la fleur. Les cinq pétales sont allongés et étroitement ovales, ils sont souvent étalés, plus espacés sur le calice et avec un onglet, plus long et plus étroit que celui des grandes fleurs. Ils laissent les sépales presque entièrement à découvert. Les bords latéraux de la lame tendent à *se replier sur eux-mêmes et en cornet* dans le sens de la longueur, au moment où la fleur passe.

« Les petites fleurs ont une grandeur *de 15 à 21 millimètres*, ce qui constitue par cette différence, ainsi que l'a très-bien dit M. Luiset, des petites et des infiniment petites ; mais M. Buisson, pour faciliter les travaux des horticulteurs, contrairement à l'opinion de Duhamel citée plus haut, n'en admet que *trois espèces* qui ont des caractères si différents qu'il est difficile de ne pas se rendre à l'évidence, car elles sont facilement reconnues, à première vue, *par la grandeur, par la forme, par la couleur, et surtout par les pétales et les sépales. Pour les petites fleurs,* les pétales sont d'une *couleur rosée plus ou moins vive et souvent terne et pâle;* en général, la couleur est moins fraîche que celle des grandes fleurs et moins vive que celles des moyennes

« Les cinq pétales sont arrondis, rarement étalés, souvent peu ouverts, restant presque *en grelots* pour quelques variétés, imbriqués, à peu près comme dans les grandes fleurs. Les sépales sont recouvertes par les pétales, dont les lames *se replient en cueilleron,* sur elles-mêmes, en dedans et par le sommet, surtout à la fin de la floraison.

(1) Cette définition des fleurs est consignée dans un rapport présenté par M. Pasquier, secrétaire de la Commission pomologique sous la présidence de M. Rouillé-Courbe, MM. Madelin, Barnsby, Leroux, Pécault, Châtenay père, Nicolle, Charlot, Ressy, Alcide, Forest et Giraudet père, membres de la commission, ont suivi les travaux sur la question des pêches de 1861 à 1864.

2ème. Tableau.

Détermination des parentés

par les fleurs.		par les feuilles.	
1ᵉ. Parenté. — Mignonnes.		1ᵉ. Parenté. — Mignonnes.	
2ᵉ. —— Pourprées.	Fleurs grandes	4ᵉ. —— Admirables	Glandes globuleuses.
3ᵉ. —— Grandes Madeleines.		7ᵉ. —— Galandes	
4ᵉ. —— Admirables.		2ᵉ. —— Pourprées.	
5ᵉ. —— Chevrieuses.	Fleurs moyennes	5ᵉ. —— Chevreuses.	Glandes réniformes.
6ᵉ. —— Moyennes Madeleines.		8ᵉ. —— Chartreuses.	
7ᵉ. —— Galandes		3ᵉ. —— Madeleines à grandes fleurs	
8ᵉ. —— Chartreuses	Fleurs petites.	6ᵉ. —— Madeleines à moyennes fleurs	Glandes nulles.
9ᵉ. —— Petites Madeleines.		9ᵉ. —— Madeleines à petites fleurs.	

« Par cette description, ainsi que l'a dit M. Buisson dans toutes les discussions, il faut s'attacher d'abord à la grandeur de la fleur, subsidiairement, en cas d'incertitude à la forme, puis à la couleur ; la commission d'Indre-et-Loire a été de cet avis.

« Pour les feuilles, on pourra les classer de suite également par des caractères distinctifs qui sont faciles à saisir, *au moyen des glandes, qui sont globuleuses, réniformes ou nulles, et bien découpées en scie*; et à l'appui, nous citerons les Madeleines, qui ont ce caractère bien marqué.

« En réunissant ensuite les caractères des fleurs et des feuilles de la variété, on arrive à lui assigner la parenté ; il n'y a plus après cela qu'à lui attribuer son nom de variété.

« Il ne faut pas en conclure que deux pêches, quoique comprises dans la même parenté, puissent porter le même nom ; si cela existe, il doit y avoir erreur et confusion et on a attribué faussement à certaines variétés des noms qui ne leur appartiennent pas. Pour faciliter le premier travail de M. Buisson, nous reproduisons deux tableaux faits en présence de l'assemblée tenue à Nantes en 1864 et un tableau de l'ouvrage de M. de Mortillet, de Grenoble, intitulé : *Classification par parenté*.

« M. Buisson présente ensuite la classification par l'analogie des noyaux ; il considère le noyau comme représentant le caractère le plus certain pour la dénomination des variétés. Chaque variété a, en effet, un noyau bien distinct et bien précisé ; tout fruit de chaque variété a le noyau identique, sinon pour le volume, du moins pour l'aspect, la physionomie *sui generis*. »

Il n'est pas possible de s'y tromper : il est facile de se convaincre que tous les noyaux du même arbre sont dans ces conditions d'identité. M. Buisson appuie son raisonnement sur ce point par l'exhibition d'un grand nombre de noyaux, sur lesquels il fait remarquer les caractères particuliers à chaque variété, et à l'inspection des divers caractères que présente le noyau, il désigne sans aucune hésitation la variété. La démonstration étant complète, il invite les membres du congrès, qui auraient quelques éclaircissements à réclamer, à vouloir bien lui adresser leurs interpellations.

Maintenant, Messieurs, qu'il a prouvé, avec une conviction profonde, qu'il est facile, avec la grandeur et la couleur des fleurs, avec la forme des feuilles et des glandes, avec la rusticité des noyaux, que l'on peut reconnaître facilement les variétés et les noms des pêches connues aujourd'hui et même celles qui peuvent se présenter dans l'avenir, *vérifiez et étudiez*, et je crois que vous direz avec moi que c'est une conquête immense, qui pourra mettre sur la trace d'une bonne classification de tous les fruits à noyau.

MM. Porcher, vice-président du congrès, Willermoz, secrétaire général, Vigneron de la Jousselandière et Rouillard, secrétaire de la société impériale et centrale d'horticulture de Paris, discutent et repoussent la méthode de M. Buisson, qui répond aussi victorieusement qu'il l'a fait à M. Van Iseghem ; avec une précision mathématique et une grande facilité d'élocution, M. Buisson a levé tous les doutes qui pouvaient encore exister parmi ses collègues, en répondant à M. Rouillard, qui soutenait l'opinion de M. Carrière, insérée dans la *Revue horticole* du 1er février dernier, qui se borne à diviser les fleurs du pêcher en deux catégories : *les campanulées* et *les rosacées*, et qui croyait que cette méthode était plus rationnelle, parce qu'elle était fondée sur les lois de la botanique.

M. Buisson répond, que cela ne lui a pas paru le moins du monde fondé, car les désignations de *Rosacées* et de *Campanulées* prises à la lettre, ne peuvent être employées comme bases d'un classement des fleurs du genre Pêcher. En botanique, toutes les fleurs de ce genre font partie, sans distinction, de la famille des Rosacées, et d'un autre côté le mot Campanulées représente également toute une autre famille de plantes bien distinctes dont les fleurs sont bien différentes de celles du Pêcher. Il est de plus évident que l'expression Campanulée ne peut s'appliquer à une catégorie de fleurs du Pêcher, qui sont toutes plus ou moins ouvertes et étalées, et que ce mot de Campanulées, dont la signiffcation propre est cloche, ou Campanule, ne leur est pas applicable.

La clôture est réclamée et après quelques observations contre cette proposition, elle est prononcée.

Les conclusions de la Commission tendant à l'admission de la méthode de M. Buisson, sous le bénéfice de modifications et et perfectionnements ultérieurs, est mise aux voix et adoptée à une très-grande majorité.

Le troisième tableau extrait de l'ouvrage de M. de Mortillet a l'avantage d'expliquer le travail de M. Buisson, en groupant la classification du genre pêcher par parenté.

3ᵉ TABLEAU

CLASSIFICATION PAR PARENTE (1).

PÊCHER.

PREMIÈRE ESPÈCE.

Pêches proprement dites.

Caractères communs, { peau duveteuse, chair non adhérente.

Parenté des Mignonnes.   *Maturité.*

1ᵉʳ GROUPE.

—

peau duveteuse,
chair non adhérente,
fleurs grandes,
glandes globuleuses.

mignonne à bec D. (2),	fin juill. com. août.
mignonne Dubarle D,	fin juill. com. août.
mignonne hâtive D,	com. août.
grosse mignonne D,	mi-août.
mignonne bosselée D.	2ᵉ quinz. d'août.
mignonne tardive D.	com. septembre.
avant-pêche rouge (B.J.)	mi-juillet.
grosse mignonne frisée.	mi-août.
belle beauté (Noisette).	fin août.
belle conquête,	com. septembre.
Léopold Iᵉʳ,	mi-septembre.

(1) Troisième tableau, présenté par M. de Mortillet, membre de la Société d'horticulture de Grenoble (Isère), dans son *Arboriculture fruitière, les meilleurs fruits, par ordre de maturité et par série de mérite ; culture et soins qu'ils méritent silhouettes et dessins des fruits, fleurs et noyaux en grandeur naturelle tracés, dessinés par l'auteur lui-même, en vente à Grenoble (Isère), chez MM. Prudhomme et Giroux, libraires*, rue Lafayette, 14.

(2) M. de Mortillet indique par un D les variétés décrites et dessinées ; il

2

Parenté des Pourprées.   *Maturité.*

2ᵉ GROUPE. — peau duveteuse, chair non adhérente, fleurs grandes, glandes réniformes,		
	pêche hâtive D,	1ʳᵉ quinz. d'août.
	pêche fl. blanches D,	2ᵉ quinz. d'aout.
	pêche tard. gr. fl. D,	com. septembre.
	avant-pêche rouge,	mi-juillet.
	desse hâtive,	1ʳᵉ quinz. d'août.
	pêche sanguinole,	fin août.
	pêche abricotée,	1ʳᵉ quinz. de sep.
	pêche fl. doubles,	mi-septembre.
	amande-pêche,	octobre.
	p. Montigny (J. f. du M.)	com. septembre.
	p. tard. des Mignots (id.)	1ʳᵉ quinz. de sept.
	pêche blonde (Poiteau),	15 septembre.
	p. de Bonlez (A. Bivort),	septembre.
	pêche Presle (Bon Jard.)	fin octobre.

Parenté des Madeleines à grandes fleurs.

3ᵉ GROUPE. — peau duveteuse, chair non adhérente, fleurs grandes, glandes nulles.		
	Madeleine blanche D,	1ʳᵉ quinz d'août.
	bonne Julie D,	1ʳᵉ quinz. d'août.
	Madeleine paysanne D,	2ᵉ quinzaine d'août.
	grosse Madeleine D,	fin août.
	Mad. de Courson D,	fin août.
	pucelle de Malines D,	fin août.
	pêche de Malte D,	com. septembre.
	avant-pêche blanche,	com. juillet.
	cardinale,	mi-septembre.
	pêche d'Ispahan,	septembre.
	pêche nain,	octobre.
	noblesse (Forsyth),	2ᵉ quinz. d'août.
	princesse Marie (b. jar.)	com. septembre.

fait suivre du nom d'auteur celles qu'il ne connait pas personnellement, et il laisse alors à chacun d'eux la responsabilité des renseignements d'après lesquels il les classe.

Parenté des Admirables.   Maturité.

4ᵉ GROUPE.
—
peau duveteuse,
chair non adhérente,
fleurs moyennes,
glandes globuleuses.

admirable hâtive D,	1ʳᵉ quinz. d'août.
rosanne D,	1ʳᵉ quinz. d'août.
admirable D,	fin d'août, com. sep.
belle de Vitry D,	1ʳᵉ quinz. sept.
bon ouvrier D,	mi-septembre.
Teindou D,	fin septembre.
auberge de la Côte-d'Or,	fin août.
the présid. (Dupuy Jan.)	2ᵉ quinz. sept.

Parenté des Chevreuses.   Maturité.

5ᵉ GROUPE.
—
peau duveteuse,
chair non adhérente,
fleurs moyennes,
glandes réniformes.

Chevreuse hâtive D,	1ʳᵉ quinz. d'août.
chancelière D,	2ᵉ quinz. d'août.
belle Chevreuse D,	fin août, com. sept.
Chevreuse tardive D,	mi-septembre.
tardive d'Oullins D,	fin septembre.
Chevreuse jaune,	fin août.
pêche Turenne,	fin août com. sept.
pêche Sieulle (B. Jard.)	mi-septembre.

Parenté des Madeleines à moyennes fleurs.

6ᵉ GROUPE.
—
peau duveteuse,
chair non adhérente.
fleurs moyennes,
glandes nulles.

Madeleine hâtive, à moyennes fleurs D,	com. d'août.
Madeleine ordinaire à moyennes fleurs D,	2ᵉ quinz. d'août.

	Parenté des Galandes.	*Maturité.*
7ᵉ GROUPE. — peau duveteuse, chair non adhérente, fleurs petites, glandes globuleuses.	galande pointue D,	1ʳᵉ quinz. d'août.
	galande D,	2ᵉ quinz. d'août.
	petite bourdine D,	1ʳᵉ quinz. sept.
	grosse bourdine D,	mi-septembre.
	téton de Vénus D,	2ᵉ quinz. sept.
	nivette veloutée D,	2ᵉ quinz. sept.
	pêche Teissier D,	mi-septembre.
	royale D,	fin septembre.
	Willermoz D,	mi-septembre.
	belle de Doué (J. f. du M.)	mi-août.
	incompar. en b. (R. Hog.)	mi-septembre.
	pêche de Pau (Noisette).	octobre.

	Parenté des Chartreuses.	*Maturité.*
8ᵉ GROUPE. — peau duveteuse, chair non adhérente, fleurs petites, glandes réniformes.	double de Troyes D,	fin juillet.
	pêche de Franquières D,	fin août, com. sep.
	reine des vergers D,	fin août, com. sep.
	p. de Syrie D,	1ʳᵉ quinz. sept.
	pourp. tard. à pet. fl. D,	2ᵉ quinz. sept.
	pêche de Bergame D,	fin septembre.
	précoce des chartreux	2ᵉ quinz. d'août.
	pêche de beurre,	com. d'août.
	chevreuse hât. à petites fl.	com. septembre.

Parenté des Madeleines à petites fleurs.

9ᵉ GROUPE. — peau duveteuse, chair non adhérente, fleurs petites, glandes nulles.	pêche unique D.	2ᵉ quinzaine d'août.
	Mad. à petites fleurs D.	com. septembre.
	pêche Beurre (J. f. du M.)	1ʳᵉ quinz. sept.

Dans cet ouvrage, remarquable sous tous les rapports, on trouvera les tableaux de la deuxième race, Pavies, de la troisième race, pêches lisses, et de la quatrième race, brugnons. Ces diverses races n'ayant pas encore été étudiées par le Congrès pomologique, nous ne croyons pas devoir nous en occuper en ce moment.

Séance du 25 septembre.

Je termine, Messieurs, cette partie de mon rapport, en vous signalant les opérations des diverses commissions.

M. Jules Gérand, secrétaire de la Commission des fruits à noyau et des raisins, propose, au nom de cette Commission, l'adoption des variétés suivantes : gamai de Magny, gamai de St-Galmier, muscat Eugénien ou muscat précoce du Puy-de-Dôme, et elle propose le renvoi à l'étude des variétés suivantes, sur lesquelles elle n'a pu se procurer des renseignements suffisants : Aleatico Nero, Caminada ou muscat admirable, chasselas de Montauban à gros grains, gamai Charmeton, grosse Marsanne blanche, muscat blanc de Crimée, muscat de Madère, muscat dure-baie ou blanc-doux de Marseille, muscat noir d'Eissenstadt, muscat Primavis.

La Commission propose le rejet du raisin d'Ischia.

M. Gaillard propose de mettre à l'étude le muscat Lierval, perle impériale, duc de Magenta, muscat St-Laurent, général de la Marmora, teneron de Cadenet.

M. Dupont propose : Alicante noir, Impérial noir, Sucre.

M. Georges propose : Vert de Madère, Madeleine royale blanche.

M. Rouillé-Courbe propose : Gamai d'Orléans (voir le traité des cépages, par le comte Odard), cépage cultivé et très-répandu dans l'Indre-et-Loire.

Le Congrès adopte ces diverses propositions.

M. Mauduit, secrétaire de la Commission des fruits à pépins, donne communication de la 1re partie des travaux de ce comité. Poires admises à l'étude : Alexandre Bivort, Alexandre Lambré, Alexandrina, beurré Baillif, bonne Charlotte, Brandywine, Colmar Navet, docteur Lentier, docteur Trousseau, doyenné Nérard, Emile d'Hest, Frédéric Lelieur, Gendron, général Totleben, Iris Grégoire, Lawrance, Léon Grégoire, Léopold Ier, Louise bonne du printemps, mouille-bouche de Bordeaux, tardive de Toulouse, Onondaga, Ravut. Les poires rejetées dans les séances du 25 et du 26 se composent : de Bergamotte Lafay, beurré Beuner, beurré Mondel, Colmar Bonnet, Délisses, Heat-col, Dumon-Dumortier, Monseigneur des Hons, Zéphirin Louis. L'adoption de la poire beurré Oudinot et de la sucrée de Montluçon a été prononcée.

Séance du 28 septembre.

Dans sa quatrième réunion, Monsieur Mauduit continue son rapport et propose la mise à l'étude de : la poire de l'Assomption, beurré Perreau, brin d'amour, Bergamotte mille pieds, beurré Chaigneau; pomme de la Chapelle, brune Gasselin, blonde Gasselin, et du même obtenteur la poire Destouches, fortunée Boisselot, professeur Barral, président Lefau, Besy de Montigny, sénateur Vaïsse, calebasse de Bavay, Thérèse Kumps, souvenir Dubreuil; M. Willermoz s'oppose à la radiation de la pêche chancelière; elle est maintenue à l'étude, ainsi que la pêche Reymachers.

Sont encore mis à l'étude : abricot Angoumois hâtif, abricot de Versailles, abricot royal, abricot de Wurtemberg. Sur la proposition de plusieurs membres, il est décidé que les sociétés horticoles et les amateurs seront désormais invités à étudier les fruits mis à l'étude, afin que le Congrès puisse se prononcer, d'après leurs rapports, sur leur mérite. Le Congrès soumet au Conseil d'administration le vœu qu'à l'avenir les réunions aient lieu dans la première quinzaine de septembre.

Séance du 29 septembre.

Monsieur Mauduit continue son rapport sur les fruits à pépins. Sont conservés à l'étude : les pommes Alfriston, Boston Russet, Calvile des prairies, Newton pippin, Defais Dumonceau, Green Ohio's pippin, Reinette du Vigan, Seedling oline, la Reinette grise de Caux, Reinette d'Angleterre, pomme Clochard, Patte de loup, pomme Chailleux, pomme Lagrange.

Monsieur Mauduit propose de mettre à l'étude la prune souvenir de Madame Nicolle, l'abricot des bâches, recommandé par M. Willermoz. M. Porcher propose de mettre à l'étude la fraise des quatre saisons, qui a pour synonyme la fraise des Alpes.

Les secrétaires ayant terminé les travaux des diverses commissions, sur la proposition du bureau, M. le président informe l'assemblée que la ville de Dijon, représentant l'est de la France, qui n'a pas encore été visitée par le congrès, est proposée pour l'année 1865. Cette proposition est adoptée.

M. le comte d'Estantot, vice-président, dit qu'au moment où le Congrès va se séparer, il a une dette à payer envers la Société Nantaise et son digne président : il les remercie, au nom de tous, de l'accueil amical et confraternel qu'ils ont fait au Congrès, et il joint des félicitations pour MM. les secrétaires, laborieux collaborateurs, qui ont, par leur exactitude, fait avancer rapidement les travaux de la session.

M. Couprie, président, répond en ces termes :

« Messieurs,

« Vous venez d'accomplir votre neuvième session, et vous l'avez remplie par de savantes discussions sur les fruits mis par vous à l'étude en 1863 et sur ceux que la région de l'ouest vous a présentés.

« La Société Nantaise d'horticulture a fait tous ses efforts pour vous bien accueillir et pour vous fournir tous les matériaux dont vous aviez besoin, en nos contrées, pour élever le temple dont vous avez entrepris l'édification et dans lequel vous ne laisserez pénétrer que les produits de Pomone qui en auront été jugés dignes.

« Oh! je comprends maintenant l'empressement de bien des villes à solliciter cette session, par l'élan que sa présence a produit chez nos horticulteurs de toutes les conditions, et je comprends aussi tous les avantages qui résulteront pour la pomologie française d'une collaboration si laborieusement donnée.

« Assis depuis six jours à la même table d'étude, livrés aux mêmes préoccupations et sans cesse échangeant nos idées, nous ne pouvons désormais demeurer étrangers les uns aux autres ; nous conserverons de mutuels et durables souvenirs de cette grande semaine de septembre 1864 ; et c'est ainsi, Messieurs, que notre société vous offre cette cordialité bretonne qui ne faiblit jamais. »

La neuvième session du Congrès est close, la séance est levée à cinq heures.

Je ne puis terminer ce long rapport sans vous entretenir encore quelques instants des fêtes magnifiques offertes par la Société d'horticulture, par la ville de Nantes, par la généreuse hospitalité donnée par la population et par l'administration municipale représentée avec tant de munificence par son excellent et honorable maire, M. Ferdinand Favre, sénateur.

A l'unanimité, le Congrès prend la décision de présenter une adresse au sénateur-maire en ces termes :

« Dans sa séance du 26 septembre 1864, les membres du Congrès pomologique de France, tenant la neuvième session à Nantes, ont délibéré que la présidence d'honneur serait décernée au maire de la ville où se tiendrait désormais chaque session.

« Cette initiative, Monsieur le sénateur, a été prise dans la ville où, sous vos auspices, le Congrès a eté accueilli avec la plus flatteuse et la plus cordiale hospitalité.

« Le Congrès est heureux que ce soit dans la cité Nantaise, que vous administrez si paternellement depuis tant d'années, et où vous avez rendu et rendez chaque jour les plus grands services à l'horticulture, que ce titre honorifique soit déféré pour la première fois.

« Les membres du bureau : »

(Suivent les signatures.)

Cette adresse est votée par acclamation, la séance est suspendue.

Au retour de la députation chargée de remettre cette adresse, la séance est reprise et Monsieur le président Couprie rend compte de la démarche qui vient d'être faite, en disant que M. le sénateur-maire a reçu l'offre de la présidence honoraire avec une véritable émotion. Il a chargé le président et le bureau d'exprimer au Congrès combien il est sensible aux témoignages de déférence dont il est l'objet. Il regrette de n'avoir pu assister à ses séances, mais il confie au bureau le soin de donner à l'assemblée l'assurance du vif intérêt qu'il porte à ses travaux.

M. le président de la société Nantaise d'horticulture, président du Congrès, avait voulu clore la session du congrès par une fête de famille. Le 28 il recevait dans ses salons MM. les membres du bureau, quelques exposants et plusieurs commissaires de l'exposition. Il est difficile de recevoir avec plus d'affabilité et cette réception à laquelle présidaient avec beaucoup de grâce Mme et Mlle Couprie restera longtemps dans les souvenirs des invités, ainsi que la cordialité de M. Couprie père et de son fils.

Le lendemain 29, la société Nantaise d'horticulture offrait aussi un Banquet aux membres du Congrès, dans les salons Lucien, rue de Gigant. Soixante-dix couverts étaient dressés et, en attendant l'arrivée du sénateur Maire de Nantes M. Ferdinand Favre, les convives étaient répandus dans le vaste jardin de cet établissement. M. le Maire, revêtu de ses insignes de sénateur, arriva accompagné de M. Favre-Courel, commandeur de la Légion d'honneur, ancien secrétaire-général de la Préfecture et de M. le colonel du 91e de ligne. Tous les assistants s'empressèrent autour de l'homme vénérable qui, dans sa longue carrière a toujours donné aux horticulteurs des gages de sa sollicitude et de son sympathique intérêt. Des toasts ont été présentés par M. Couprie, président du Congrès, à l'Empereur, à l'Impératrice, au prince Impérial; par M. Dubosq, ancien secrétaire-général de la société Nantaise d'horticulture : à M. Ferdinand Favre, maire depuis trente-quatre ans de la ville de Nantes. M. Dubosq a rappelé en peu de mots les services que M. Favre a rendus comme maire, comme député, comme cultivateur distingué et introducteur du camélia et de beaucoup d'autres fleurs précieuses qui ont fait la réputation et la fortune des horticulteurs Nantais. Ces deux toasts ont été vivement applaudis. M. le sénateur-maire, ému des témoignages de sympathie générale, a répondu en quelques mots bien sentis et a rappelé avec orgueil combien il était heureux dans une réunion si imposante d'hommes laborieux qui n'ont cessé de défendre l'ordre et de constituer une Société de secours mutuels, approuvée et encouragée par le gouvernement de l'Empereur et destinée à devenir une sauvegarde contre les rigueurs de l'infortune et les infirmités de la vieillesse. Avec vous, Messieurs, a-t-il dit, point de paupérisme.

M. le Maire a terminé son allocution par ces mots sympatiques qui ont été accueillis par les bravos les plus chaleureux : *A vous tous, à la conservation de nos mutuels souvenirs.*

M. Van Iseghem, vice-président de la Société, s'est fait l'interprète des sentiments qui animaient l'assemblée et des regrets de l'absence de M. Henri Chevreau, Préfet de la Loire-Inférieure depuis bien des annécs, qui avait rendu d'immenses services au département et à la ville de Nantes, appelé aujourd'hui par l'Empereur à la préfecture du Rhône.

M. Dufour, secrétaire-général, a porté le toast aux membres du Congrès pomologique de France, à leurs travaux, aux services déjà rendus et à ceux qu'il peuvent rendre encore.

M. Porcher, président de la Cour d'Orléans, a présenté le toast à la société Nantaise d'horticulture et à son digne président, en énumérant tous les travaux du Congrès pomologique, depuis son organisation, et combien le Congrès était heureux d'avoir désigné cette contrée pour la neuvième session et d'y rencontrer un ensemble d'éléments utiles à ses travaux et un accueil aussi confraternel.

A l'expression de ses sentiments, a-t-il dit, le Congrès m'a donné mission d'ajouter celle de sa vive gratitude envers le sénateur-maire, pour l'accueil plein de bienveillance et d'affabilité qu'il a fait aux membres du bureau et pour l'intérêt qu'il a porté à ses travaux ; et il a terminé son brillant discours par ces mots sympatiques qui ont trouvé de l'écho et ont été l'expression sincère de tous les membres du Congrès :
« Le terme de cette session est arrivé, bientôt nous allons nous
« séparer, après nous être donné rendez-vous pour l'année
« prochaine à Dijon. Les membres du Congrès conserveront le
« meilleur souvenir de votre excellent accueil. A leur arrivée
« la plupart étaient inconnus de vous, et à leur départ plus
« d'un vous tendra la main en disant : Au revoir, amis. Aussi
« c'est du cœur qu'en terminant, je porte un toast à la Société
« Nantaise d'horticulture et à son président. »

M. Drouard, président de la Société d'horticulture d'Angers, a ensuite exprimé, en quelques mots, les sentiments de bonne confraternité qui unissent entre elle les Sociétés correspondantes et particulièrement les Sociétés de Nantes et d'Angers. Il a fait des vœux pour la continuation de ces bons rapports.

L'assemblée s'est séparée à dix heures.

Le dimanche 2 octobre, la Société Nantaise a tenu sa séance publique annuelle dans la salle du théâtre. A midi les loges, le parterre, les galeries se garnissaient d'une foule empressée, la scène présentait le plus charmant coup d'œil; le buste de l'Impératrice, entouré de fleurs et d'arbustes, occupait le centre ; derrière s'étageaient l'Orphéon Nantais et la musique du 91ᵉ de ligne : sur le devant étaient placés les membres de la Société et du Congrès, les dignitaires et les invités.

A une heure, M. le sénateur-maire introduit par M. Couprie, président du Congrès, est entré dans la salle, accompagné de M. Favre-Courel, commandeur de la Légion d'honneur, et d'un chef de bataillon du 91ᵉ, de M. Schmitd, inspecteur de l'académie, de MM. Rouillé-Courbe, vice-président du Congrès, Jamin, délégué de la Société d'horticulture de Paris.

Après un discours de M. Couprie, président de la Société d'horticulture Nantaise, et un long et intéressant rapport de M. Dufour, secrétaire-général de la Société, sur les travaux de l'année, M. le docteur Deluen a lu les rapports des jurys de l'exposition et les prix ont été remis aux lauréats.

M. Van Iseghem a ensuite retracé, en un tableau vif et saisissant, les péripéties du concours des instituteurs et, malgré la lassitude qui gagnait l'auditoire, il a su intéresser et se faire écouter. Ainsi s'est terminée cette mémorable semaine qui laissera des traces profondes dans les souvenirs de tous ceux qui ont participé à ses travaux.

Tours, imprimerie Ladevèze.